CONSIDÉRATIONS

SUR LE FONCTIONNEMENT

DU

SYSTÈME NERVEUX

PAR

LE Dr RAMES

Ancien interne des hôpitaux de Paris
Membre correspondant de la Société médicale des hôpitaux de Paris
Médecin en chef de l'hospice d'Aurillac.

AURILLAC

IMPRIMERIE DE H. GENTET

Imp. de la Préfecture et du Chemin de fer.

—

1876

CONSIDÉRATIONS

SUR LE FONCTIONNEMENT

DU

SYSTÈME NERVEUX

Dans une première étude (1868), me basant sur des données d'ensemble, j'ai cherché à établir cette thèse que le tissu nerveux, dernier terme anatomique pour une expression physiologique supérieure, fait converger de sa périphérie vers ses centres les diverses excitations qu'il perçoit ; que notre arbre nerveux, puisant par ses radicules dans un milieu déjà épuré, modifie ses impressions intimes au contact des influences venues du milieu ambiant et étage hiérarchiquement ses centres d'activité pour en arriver à une opération d'ordre supérieur, au travail de l'intelligence.

Dans une seconde (1873), j'ai cru pouvoir avancer que tout muscle doit être considéré comme un appareil organique producteur, c'est-à-dire qui modifie le milieu dans lequel il est plongé de façon à créer une action spéciale, qu'il est partant

l'analogue d'un organe des sens ; que le système musculaire se
continue, lui aussi, par une stratification nerveuse jusqu'aux
centres auxquels il apporte son contingent d'impressions ; que son
passage de l'état de repos à l'état actif, loin d'être dû à un *influx*
centrifuge, n'est que le contre-coup d'une rupture survenue dans
l'équilibre nerveux de n'importe quel point du myélencéphale,
cela par l'effet d'une dépense soit sensorielle, soit intellectuelle.

Aujourd'hui, appliquant ma manière de voir aux recherches
faites sur les fonctions de la moelle épinière, je vais tâcher de
démontrer que le résultat des vivisections instituées à ce sujet
concorde avec mon interprétation et y trouve une explication
facile. Il me suffira de classer méthodiquement quelques-unes
des expériences relatées dans l'article *Moelle épinière*, du professeur Vulpian, dans le dictionnaire de Dechambre, pour en
faire ressortir :

1º Que le point de départ de ce que l'on a appelé l'*influx*
nerveux est, pour le système de la vie de relation, à la périphérie
du corps ;

2º Que la sensibilité et la motilité, très distinctes aux confins de
la moelle épinière, perdent de leur cachet en s'avançant vers son
milieu ; que les deux stratifications sensitives et motrices présentent dans la moelle une disposition organique à peu près
analogue ;

3º Que les centres d'activité qui nous mettent en communication avec le milieu ambiant sont hiérarchiquement échelonnés
de bas en haut..

§ I.

C'est de la périphérie que vient l'influx nerveux.

Ce que l'on pourrait appeler le gros œuvre de l'action nerveuse se traduit à nos yeux par des phénomènes de sensibilité et
de contractions musculaires ; or, voici ce que nous trouvons dans
le *Traité de Physiologie* de Longet, t. III, p. 349.

« Je suis parvenu à établir expérimentalement que le principe
incitateur du mouvement, chez un animal récemment tué, disparaît et se retire de l'encéphale d'abord, de la moelle épinière

ensuite, puis des cordons nerveux moteurs, en allant de leurs extrémités centrales à leurs extrémités musculaires, c'est-à-dire en suivant une marche centrifuge ; ainsi l'étage inférieur des pédoncules cérébraux, les portions antérieures de la protubérance et du bulbe rachidien ayant déjà perdu leur excitabilité, les faisceaux antérieurs de la moelle, les racines spinales correspondantes étaient encore excitables ; mais le moment survenait où l'excitablité motrice disparaissait successivement des faisceaux antérieurs, des racines antérieures, des troncs nerveux pour ne plus exister enfin que dans les ramuscules terminaux.

« Au contraire, j'ai prouvé que le principe du sentiment, chez l'animal qui est près de mourir, se perd en suivant une marche centripète vers l'encéphale ; en d'autres termes, que la sensibilité disparaît d'abord dans les ramuscules sensitifs terminaux, puis dans les rameaux, les troncs nerveux, dans les racines postérieures (lombaires, dorsales, cervicales), et de proche en proche dans les faisceaux postérieurs de la moelle (lombaire, dorsale, cervicale), selon une direction ascendante vers les centres encéphaliques. Aussi arrivait-il bientôt un moment où je ne pouvais plus constater des traces de sensibilité ailleurs que dans certaines parties déterminées de l'encéphale. »

Ce double résultat surprend, si on s'en tient aux opinions reçues. En effet, pour l'influx centrifuge des muscles, en admettant qu'il descende des centres nerveux, on s'explique difficilement, dans les conditions sus-indiquées, qu'il puisse se scinder, se séparer de sa base d'activité pour se retirer petit à petit vers les muscles et pour définitivement s'y perdre. De même pour la sensibilité, un appareil des sens dictant son impression, on a de la peine à croire que celle-ci se survive en quelque sorte à elle-même et aille se perdre dans les centres.

Pareille interprétation nous paraît choquer le bon sens, c'est-à-dire l'ordre naturel des choses. La suivante nous semble plus judicieuse.

Tout muscle étant le point de départ de son action nerveuse, rien de plus rationnel que de penser que, le but n'existant plus, cette action se replie sur son lieu d'origine et vienne s'y effacer, l'appareil producteur survivant toujours aux effets qu'il produit.

De prime abord, pareille explication paraît aller à l'encontre des phénomènes présentés par la sensibilité, mais on en a bien vite la raison, si on veut réfléchir aux différences de constitution organique qui distinguent les deux colonnes nerveuses, la sensitive et la motrice. La première remonte vers les centres à peu près telle quelle, sans ganglions nerveux interposés, son intensité d'action pouvant tout au plus varier ; la sensitive, au contraire, voit à chaque instant ses apports se modifier, ses éléments devenir plus complexes, et il est raisonnable de penser que, là où les approvisionnements se sont emmagasinés, les traces du travail produit soient en dernier lieu reconnaissables. Les effets résultant de la sensibilité sont d'ailleurs plus fugaces.

Nous venons de soumettre à notre appréciation une vue d'ensemble, regardons maintenant si des études de détail viendront s'harmoniser avec le cadre présenté.

« Lorsque la section de la moelle épinière est faite vers le bec du *calamus scriptorius*, ou si, ce qui revient à peu près au même, l'animal est décapité, il y a augmentation de la puissance excito-motrice de toute la moelle. » (P. 466, Dᵣ VULPIAN.)

Par puissance excito-motrice, on entend les phénomènes de sensibilité et de motricité accumulés dans la moelle. Ici la sensibilité n'est pas perçue, mais si l'on pouvait avoir des doutes à son sujet, il suffirait de se reporter à l'expérience suivante :

« Lorsque l'*hémisection* de la moelle est faite dans la région cervicale, on observe une hyperesthésie très considérable dans les deux membres du côté opéré. Si même elle est pratiquée près du bulbe rachidien, on observe, en même temps que les phénomènes indiqués pour les membres, une hyperesthésie plus ou moins manifeste de l'oreille du côté correspondant et une anesthésie plus ou moins marquée de l'oreille du côté opposé. » (DECH., p. 407.)

Dans ce cas l'impression est perçue et la détermination de la sensibilité ne peut pas être mise en doute. Quant aux phénomènes musculaires, ils ont subi des effets analogues.

« Ce n'est pas seulement la sensibilité qui est augmentée dans le membre ou dans les membres du côté correspondant à une lésion unilatérale des parties postérieures de la moelle ; c'est aussi le mouvement réflexe qui y devient plus vif, plus prompt et plus étendu. » (DECH., p. 409.)

Revenant sur ces faits, raisonnant d'après eux, sous-entendant des détails accessoires qu'il serait trop long de rapporter ici, nous dirons :

La lésion traumatique a du coup épuisé *l'avoir* de la moelle épinière ; dans le premier cas, de la moelle entière, dans le second, de la moitié correspondante au côté lésé ; mais petit à petit cet avoir s'est reconstitué, est devenu plus intense. Dans le cas de lésion unilatérale, soit effet d'irritation, soit tout autre cause, l'équilibre nerveux a été rompu au profit du côté sectionné. Dans tous les cas on retrouve une accumulation, une tension nerveuse, pourrait-on dire, en arrière de l'obstacle créé.

Lorsqu'on voit ainsi pareil résultat se produire, quel que soit le lieu et le mode de la lésion, forcément cette opinion s'impose, qu'il existe là une manifestation non douteuse d'une force ascencionnelle, d'une sorte de *vis à tergo* se heurtant au barrage imposé, et de suite la pensée vous vient d'examiner les phénomènes présentés par ce que l'on a appelé les *racines rachidiennes* et de voir si chaque paire nerveuse n'aurait pas le rôle d'affluent tendant à fournir à la moelle épinière.

Les expériences suivantes vont nous permettre d'en juger.

« Lorsqu'on pratique une hémisection de la moelle épinière, les radicules postérieures les plus rapprochées de la lésion et situées en avant d'elle deviennent beaucoup moins sensibles, tandis que celles qui sont situées en arrière de cette lésion conservent leur sensibilité et même deviennent hyperesthésiques. » (DECH., p. 376.)

Il est bon de rappeler qu'en pénétrant dans la moelle, ces radicules divergent et que plusieurs des filets peuvent avoir été sectionnés.

« Si on met à nu la moelle dans une longueur de 8 à 9 centimètres et qu'on enlève les cordons postérieurs en haut et en bas sur la région ainsi découverte, de façon à laisser intact au milieu de cette région un tronçon des faisceaux postérieurs de 3 centimètres environ de longueur, en irritant ce tronçon on produit une douleur évidente, si toutefois ce tronçon correspond à la région d'origine d'au moins une paire nerveuse. » (DECH., p. 376.)

« Si on pratique une section longitudinale de la moelle et qu'on la termine en haut par une section unilatérale et transversale de la moelle, de manière à comprendre sur ce tronçon ainsi séparé l'espace correspondant à l'insertion de trois paires nerveuses, des trois racines ainsi mutilées, la première est devenue à peu près insensible, la deuxième moins sensible, la troisième très sensible. »

Nous pourrions multiplier ces expériences, apporter d'autres faits analogues ; mais ceux-ci nous paraissent suffisants pour montrer que toujours, dans les cas de section de la moelle épinière, toute paire nerveuse ayant ses moyens de communication avec ce centre nerveux intacts et aboutissant au-dessous de la lésion, présentera une turgescence vitale, une surabondance d'activité demandant à être dépensée.

Aussi, quoique ces vivisections n'aient pas été instituées dans ce but, cette probabilité en découle, que toute paire nerveuse peut être considérée comme un affluent des centres nerveux.

Une contre-épreuve se présente d'elle-même. Que l'on supprime ces affluents et la puissance du centre nerveux en sera diminuée d'autant. Les faits suivants nous paraissent répondre à ce *desiderata*.

« On coupe sur un mammifère les racines des cinq ou six derniers nerfs dorsaux et des deux premiers nerfs lombaires du côté droit ; l'animal ayant été laissé en repos pendant quelque temps après l'opération, on trouve que le mouvement volontaire est affaibli dans le membre postérieur droit et que la sensibilité y est exagérée, tandis que, dans le membre postérieur gauche, la sensibilité est notablement affaiblie etc.

« Si l'on coupe du côté gauche, sur un animal ayant subi l'opération·précédente, les mêmes racines que celles qui ont été coupées du côté droit, la motilité diminue dans les deux membres postérieurs et il en est de même de la sensibilité.

« Si la section des racines porte, des deux côtés, sur celles qui naissent de la région lombaire de la moelle, on constate que les segments des racines postérieures qui tiennent encore à la moelle épinière et les faisceaux postérieurs ont perdu leur sensibilité jusque vers le milieu de la région lombaire.

« On coupe toutes les racines des nerfs sur un cobaye, depuis la cinquième vertèbre dorsale jusqu'à la troisième vertèbre lombaire ; on constate alors qu'en irritant soit une partie de la moelle servicale, soit la moelle dorsale, on ne provoque aucun mouvement dans les membres postérieurs.

« Enfin, sur un chien nouveau-né, on lie les deux carotides, on coupe transversalement la moelle épinière, en arrière du

bulbe rachidien, puis on sectionne les racines des huit der-
nières paires dorsales et des deux premières paires lombaires;
on reconnaît alors que l'excitation des membres antérieurs
ne provoque de mouvements réflexes que dans ces membres et
que l'excitation des membres postérieurs ne produit pas de
mouvements réflexes dans les membres antérieurs. » (DECH.,
p. 436.)

L'appréciation de ces nouveaux faits, si je ne me trompe,
en tenant compte des synergies de la vie, entraîne encore cette
présomption, qu'il s'agit là d'une atonie nerveuse due à un
déchet, à un défaut d'apport d'influx nerveux par les paires
rachidiennes.

Terminons enfin ce paragraphe en disant qu'on ne saurait
mettre les troubles nerveux sur le compte de l'irritation traumatique, car ils peuvent durer très longtemps, quelquefois
autant que l'animal survit.

§ II.

**La sensibilité et la motilité, très distinctes aux abords
de la moelle épinière, perdent de leur cachet en s'a-
vançant vers son milieu ; les deux stratifications
nerveuses *sensitives* et *motrices* présentent une disposition organique à peu près analogue**

Examinés à la périphérie du corps, les phénomènes présentés
par la sensibilité offrent assez de nuances pour que l'on ait pu
distinguer la sensibilité au tact, la sensibilité à la douleur, la sensibilité thermique, etc., assez de variantes pour que le professeur
Gerdy ait pu établir cinq genres de sens ou de sensations perçues.
Concurremment, les jeux musculaires se traduisent par des mouvements d'ensemble, des mouvements de détail, des actions
lentes, des actions brusques, travaux tous distincts et acquis par
un long apprentissage.

Revient-on aux nerfs, on ne constate chez eux qu'une sensibilité à la douleur, plus intense parfois, ayant ses lieux d'élection,
ses foyers de renforcement et, comme conséquence, des contractions musculaires assez incohérentes.

Sur les confins de la moelle, dans les racines rachidiennes, les deux éléments sensibilité, motilité deviennent distincts, non pas tellement toutefois que, même en ce point, on ne trouve ce que l'on a désigné sous le nom de *sensibilité récurrente*, phénomène peu expliqué jusqu'à ce jour et qui se produit dans le voisinage d'un ganglion de substance grise.

Arrivé à la moelle, ce n'est qu'en exagérant les données fournies par la physiologie que l'on peut être autorisé à admettre deux colonnes nerveuses, l'une sensitive, l'autre motrice.

A quoi se résument, en effet, les résultats acquis à ce sujet par les vivisections? A constater l'excitabilité des faisceaux de la moelle, excitabilité plus vive pour les faiceaux postérieurs, moindre pour les antérieurs, plus faible encore pour les latéraux, à reconnaître l'inexcitabilité de la substance grise.

Sur ce dernier fait, écoutons le professeur Vulpian : « Ce qui rend l'inexcitabilité de la substance grise plus intéressante, c'est que les fibres des racines antérieures et des racines postérieures naissent ou se terminent dans cette substance, qu'elles la parcourent même dans une certaine étendue. Or, les excitants expérimentaux ont l'action la plus vive sur ces fibres tant qu'elles font partie des fascicules radiculaires et même, suivant toute vraisemblance, pendant qu'elles traversent les faisceaux blancs de la moelle et brusquement, sans qu'on puisse voir la moindre solution de continuité ou le moindre changement essentiel de structure de ces fibres, elles perdent leur excitabilité expérimentale dès qu'elles entrent dans la substance grise. Il en est de même des fibres des faisceaux antérieurs et postérieurs..... qui perdent aussi ou n'ont pas encore leur excitabilité lorsqu'elles font partie de cette même substance grise. » (Dech., p. 345.)

Et à l'occasion de ce même fait, que l'on nous permette une remarque. N'est-il pas anormal de donner pour point de départ aux nerfs un milieu tout à fait en désaccord avec les propriétés que devront présenter ces nerfs? N'est-il pas rationnel, au contraire, de faire de ceux-ci de vrais tributaires de leur origine, participant du génie de cette dernière et plus tard ayant le rôle d'affluents qui apportent dans un centre commun un influx bientôt appelé à d'autres fonctions, qui créent ainsi un milieu de diffusion où ces apports épurés donnent naissance à des états complexes de plus en plus difficiles à saisir?

Les expériences que nous allons produire, en nous initiant plus avant dans la connaissance des actions organiques offertes par la moelle épinière, viendront, nous le pensons, apporter une nouvelle sanction à la signification de celles que nous connaissons ; tant il est vrai que, dans une économie tout se tenant, un phénomène se relie à un autre phénomène, un fait empiète sur un autre fait. Elles montreront que non-seulement la substance grise absorbe l'action apportée par les racines nerveuses, mais qu'elle les a en puissance et qu'elle peut les transmettre. La continuité de la substance grise est, en effet, la condition indispensable pour le passage des impressions sensitives ; les faisceaux postérieurs n'y prennent qu'une faible part. Cette même continuité de la substance grise est pareillement la condition obligée pour le transfert des excitations motrices volontaires. Les faisceaux antéro-latéraux y prennent seulement une plus large part.

Voyons plutôt :

« Si on pratique sur un animal des sections transversales incomplètes, mais de plus en plus profondes, soit de la face antérieure à la face postérieure de la moelle, soit dans le sens inverse, on voit que la sensibilité persiste dans les membres postérieurs (l'opération étant faite dans la région dorsale) tant que la section n'a pas divisé entièrement la substance grise ; elle disparait, au contraire, dès que la continuité de cette subtsance est entièrement interrompue.

« On peut, au lieu d'une simple section, faire une excision profonde des parties postérieures de la moelle dans une longueur de 1, 2, 3 centimètres, et lorsque la sensibilité est conservée dans les membres postérieurs, on reconnaît, après la mort, qu'on a laissé en place, en rapport avec les faisceaux antérieurs, une partie plus ou moins étendue des cornes antérieures de la substance grise.

« La sensibilité, d'ordinaire, paraît abolie à la suite de ces opérations pendant un quart d'heure, une demi heure, ou même plus longtemps encore, puis, quand la continuité de la substance grise n'a pas été entièrement interrompue, elle reparaît peu à peu pour atteindre assez rapidement un degré qu'elle ne dépassera pas. Les résultats sont tout à fait les mêmes, lorsque la section de la moelle est faite de la face antérieure vers la face postérieure de l'organe.

« La substance grise est donc dans la moelle épinière la voie principale, sinon la seule, de transmission des impressions sensitives à l'encéphale. »

« Nous avons déjà vu qu'une excitation portant sur un tronçon des faisceaux postérieurs isolé des autres faisceaux, mais communiquant avec la substance grise, transmet la sensibilité, à la condition que le tronçon soit l'aboutissant d'au moins une paire nerveuse. » (Dech., p. 375 et 376.)

« Sur des grenouilles, M. Schiff voit les mouvements volontaires persister, lorsqu'il pratique une première section transversale, allant de la face inférieure de la moelle jusqu'au voisinage du canal central et qu'il fait une seconde section à une distance de deux vertèbres du lieu de la première et allant de la face supérieure jusqu'à proximité de ce même canal central. Il conclut de cette expérience que les parties centrales de la substance grise suffisent pour la transmission des incitations motrices volontaires comme aussi des incitations provoquées. » (Dech, p. 427.)

Tirons donc la conclusion de ce deuxième paragraphe en disant : commenter ces résultats, les rapprocher de ceux que nous connaissons déjà, c'est justifier les deux propositions que nous avons émises; c'est reconnaître que les phénomènes de sensibilité et de motilité se présentent dans la moelle dans des conditions organiques à peu près analogues; c'est montrer que leur siége est loin d'être aussi précis, aussi distinct qu'on l'avait supposé; c'est voir dans la moelle un appareil de diffusion créant surtout des rapports de contiguité, des relations de voisinage; or, on sait qu'elle concentre, qu'elle harmonise les actions qui lui arrivent; c'est faire enfin de cette moelle un réservoir nerveux dont les approvisionnements peuvent être dépensés, mais qui les voit se renouveler par des apports venus de la périphérie.

L'expérience qui nous montre un tronçon des faisceaux postérieurs isolé de ses congénères, ne se reliant qu'à la substance grise et cependant retrouvant son excitabilité à la condition de communiquer avec une paire rachidienne, nous paraît on ne peut plus probante sur ce point, alors surtout que la contre-épreuve peut être fournie : inexcitabilité du même tronçon se présentant dans les mêmes conditions, mais privé de ses communications avec les nerfs périphériques.

§ III

Les centres d'activité qui nous mettent en communication avec le milieu ambiant sont hiérarchiquement échelonnés de bas en haut.

Lorsque par la pensée on cherche à avoir une vue d'ensemble de l'un de nos membres soit thoraciques, soit abdominaux, on arrive à cette impression que trois parts y sont faites : l'une pour le mode de communication avec le milieu ambiant, l'autre pour la locomotion, le troisième pour le *substratum* ; la première se résumant surtout en la paume des mains, en la plante des pieds, la seconde se traduisant, principalement en longueur, en bras de levier, l'autre fournissant le support commun.

Ces trois parts toutefois ne sont pas tellement distinctes que les éléments qui les caractérisent y soient complètement isolés. Ainsi, prenant les phénomènes de sensibilité pour exemple, nous dirons que la sensation de *résistance* nous paraît impliquer l'idée de mouvement, que la sensibilité à la douleur, que le chatouillement nous paraissent rappeler les propriétés de tissus, que la notion *vigueur* nous semble résulter de l'union des trois éléments.

Et ici, faisant intervenir l'éducation, nous ajouterons que l'éducation est de tous les jours. Toute impression nouvelle nous surprend, attire notre attention ; toute sensation ancienne nous laisse impassible parce qu'elle existe à l'état de fait acquis relégué dans nos souvenirs.

De l'éducation résulte la concordance, l'harmonie, une si juste mesure dans les impressions et le jeu de nos organes qu'involontairement on se reporte vers les modalités de mouvements.

Eh bien ! toutes ces données tenues en compte, si on en recherche l'application sur notre économie, on reconnaît qu'une échelle existe, qu'une gradation est saisissable, que cette gradation va s'élevant de bas en haut.

Examine-t-on le corps dans son ensemble, on trouve que le membre inférieur ne saurait être comparé au membre thoracique, au point de vue de la finesse des perceptions, que rien comme action musculaire n'approche de celle qui caractérise le jeu d'une physionomie.

Nous avons déjà vu que le nerf a un rôle secondaire, celui de moyen de transmission pour un résultat acquis ; nous avons indiqué le parallélisme équilibré, si on peut s'exprimer ainsi, de la sensibilité et de la motilité remontant le long des cordons nerveux pour venir se scinder aux racines rachidiennes et trouver dans les milieux médullaires sa pondération, son harmonie.

A cette heure, abordant la moelle épinière elle-même, nous dirons qu'il suffit d'en étudier la disposition organique pour reconnaître qu'elle aussi subit la même loi, qu'elle va se compliquant de bas en haut. Aux limites du bulbe sa texture devient plus complexe. Dans le bulbe lui-même et dans son prolongement un tel concours se produit qu'on dirait qu'en ce point viennent se raccorder les différents apports et de la vie plastique et de la vie de relation pour y constituer une première assise, et par le fait, le langage accepté l'indique, car on a baptisé ces points les *noyaux* des nerfs.

Notre intention n'est pas de poursuivre une étude au-dessus de nos forces. Nous allons nous borner à demander à un tableau succinct de faire ressortir notre pensée. Les données anatomiques de ce tableau sont empruntées à l'ouvrage du Dr Luys.

Sensibilité organique. Nerf grand sympathique.	Sensibilité générale. Nerfs rachidiens.	Nerf de la 5e paire.	Sensibilité spéciale.			Musculature spéciale.	Musculature de relation.	Musculature organique.
			Optique.		N. mot. ocul. externe N. pathétique. N. mot. ocul. com. Facial.			
			Accoustique.		Facial.			
			Olfactif.		Facial.			
			Glosso-pharyngien		Hypoglosse. Facial.			
			Pneum.-gastrique.		Facial. Spinal (fibres supér.) Spinal (fibres moy.) Spinal (fibres infér.) 1re paire rachidienne			

Ce tableau n'a d'autre but que d'indiquer la gradation suivie par les éléments spéciaux et de les moutrer entourés des éléments généraux qui entrent pour une part plus ou moins grande dans leur composition. Quelques mots d'explication comme légende vont résumer le tout en coordonnant l'ensemble du système nerveux et le faisant apparaître tel que nous le comprenons. Le tube aérien va devenant plus complexe à mesure qu'il tend vers son extrémité supérieure ; sa musculature participe et de la fibre lisse et de la fibre volontaire ; aussi de tous ces éléments voyons-nous surgir des cordons nerveux d'ordre différent qui tous s'élèvent pour apporter le génie de leur lieu d'origine tout autour du nœud vital. Du tube digestif il en est de même ; la langue en est le point faîte, comme l'odorat la sentinelle avancée. Ici encore, à des nerfs analogues à ceux dont nous venons de parler, s'en ajoutent de plus spéciaux : le glosso-pharyngien qui vient établir son siége en avant du pneumo-gastrique ; l'olfactif qui se porte au poste le plus en avant ; l'hypoglosse qui, lui, représente pour la langue un jeu musculaire d'un ordre supérieur. L'ouïe paraît surtout fait pour ébranler la masse des centres nerveux, on ne sera donc pas surpris de voir les filets de l'acoustique se rendre sous la clef de voute et y prendre position. L'œil enfin, ce gardien vigilant, cet explorateur des milieux environnants, se superposera à tous, et par ses nombreux accessoires témoignera de son importance et peut-être de sa suprématie. De telle sorte que si nous avions à résumer dans une figure schématique l'ensemble de ces dispositions, nous le figurerions sous forme d'ampoules justa-posées et simulant une glande en grappe ; à l'extérieur, et s'étendant à tout le système, seraient les appareils de sensibilité générale avec les nerfs, leur dépendance ; au-dessous, plus en dedans, les muscles de la vie de relation, avec les cordons nerveux qui en émergent ; à l'intérieur et se continuant dans toutes les cavités, le système pour la sensibilité organique ; tout contre, plus en dehors, les fibres lisses des muscles de la vie organique, ces deux systèmes se continuant, eux aussi, par le grand sympathique. Sur chaque ampoule existerait une ouverture pour une action plus spéciale du dehors, celle du pneumo-gastrique pour l'air, celle du glosso-pharyngien pour la sapidité, celle de l'olfactif pour l'odorat, celle de l'acoutisque pour l'ouïe, celle de l'optique enfin pour la vision. De chacun de ces compléments surgiraient aussi des nerfs supplémentaires qui, réunis aux premiers se dirigeraient vers le myélencéphale et y jetteraient les assises pour des travaux d'ordre supérieur. Maintenant, que de cette première assise on fasse rayonner plus haut de nouveaux conducteurs, que l'on songe aux modifications, aux variantes, aux nuances qui ont pu résulter du rapprochement, de l'entre-croisement, du lacis de tant d'éléments différents, et peut-être arrivera-t-on à avoir une idée approximative des nombreuses impressions voulues pour le jeu des facultés intellectuelles. Dans tous les cas pareille perspective ne s'accordera guère avec le dicton qui veut que le cerveau sécrète la pensée ; autant entendre soutenir que telle usine sécrète des locomotives.

AURILLAC, IMP. H. GENIET, RUE MARCHANDE

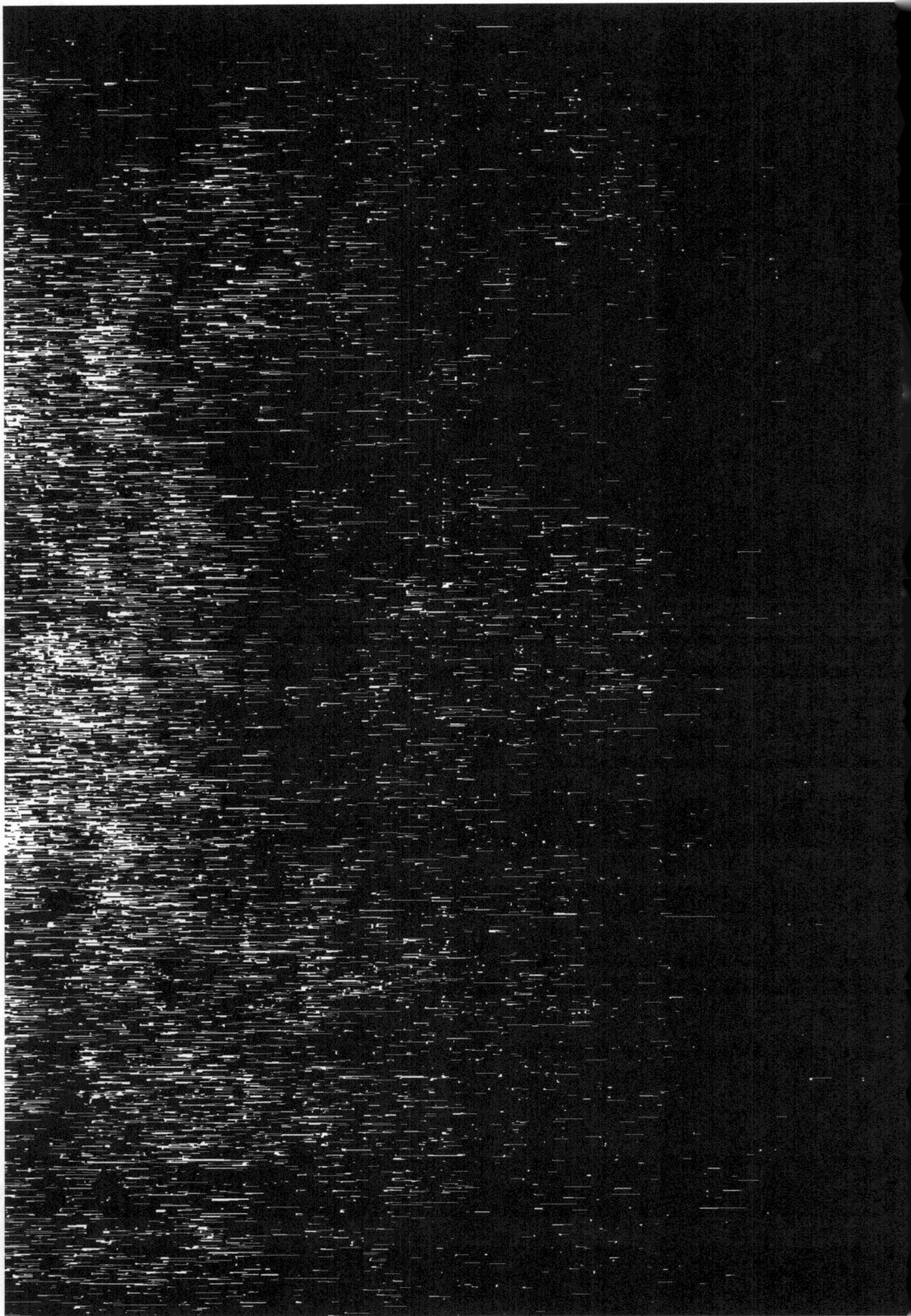